STATUTS ET RÈGLEMENS POUR LES MAITRES CARTIERS PAPETIERS FAISEURS DE CARTES.

F. 2795
Carta

STATUTS
ET
RÈGLEMENS,

POUR les Maîtres Cartiers, Papetiers, Faiseurs de Cartes, Tarots, Feuillets & Cartons;

Réimprimés à la diligence des Sieurs PIERRE LE BRUN, ET MATHIEU RAISIN, *Jurés en Charge.*

A PARIS,

Chez P. DE LORMEL, rue du Foin, à l'Image Ste. Geneviéve.

M. DCC. LXIV.

ARTICLES DES STATUTS
ET ORDONNANCES,

QUE les Maîtres Jurés & Maîtres du Métier de Cartier & Faiseur de Cartes, Tarots, Feuillets & Cartons, ont fait mettre par écrit & signés de chacun d'eux, pour le Réglement de Police, que les Maîtres Jurés & Maîtres dudit Métier de Cartier requierent être gardés & observés entr'eux, & Réception des Compagnons audit Métier, suivant l'Édit du feu Roi dernier décédé (que Dieu absolve) donné au mois de Décembre mil cinq cent quatre-vingt-un, vérifié en la Cour de Parlement le septieme jour de Mars mil cinq cent quatre-vingt-quatre, portant l'établissement des Maîtrises de tous Arts & Métiers, & Sentence de Monsieur le Prévôt de Paris, du douzieme Juillet mil cinq cent quatre-vingt-quatorze, pour obtenir la confirmation des Privileges, Franchises & Libertés, contenus & déclarés ès vingt-deux Articles ci-après.

ARTICLE PREMIER.

ITEM. Que nul ne pourra besogner du Métier de Maître Cartier, Faiseur de Cartes, Feuillets & Cartons, ni tenir boutique en cette Ville & Fauxbourgs de Paris, s'il n'est

Maître dudit Métier, reçu selon les Edits & Ordonnances Royaux.

II.

ITEM. Que nul ne sera dorénavant reçu en la Ville & Fauxbourgs de Paris, à la Maîtrise dudit Métier de Cartier, Faiseur de Cartes, Tarots, Feuillets & Cartons, s'il n'a été Apprentif sous les Maîtres dudit Métier, par le tems & espace de quatre ans entiers; après lesquels ledit Apprentif servira les Maîtres dudit Métier pendant trois ans, comme Compagnon, & le payant raisonnablement de son service.

III.

ITEM Ne seront lesdits Jurés tenus auparavant ledit tems bailler Chef-d'œuvre à ceux qui voudront aspirer à ladite Maîtrise; & seront iceux Jurés tenus s'enquérir des Maîtres où ils auront demeuré & fait leur Apprentissage, de leurs bonnes vies & mœurs; puis, suivant le rapport desdits Maîtres, leur accorder ou refuser Chef-d'œuvre; lequel Chef-d'œuvre seront tenus les Compagnons qui aspireront à ladite Maîtrise, icelui faire en la maison de l'un desdits Jurés; & sera ledit Chef-d'œuvre d'une demi-grosse de Cartes fines, & icelui fait & parfait en présence desdits Jurés, lesquels en feront leur rapport en la Chambre du Procureur du Roi, fera faire le serment dû & accoutumé, à ceux qui auront été rapportés suffisans, en payant par icelui qui sera reçu Maître à ladite Maîtrise, auxdits Jurés pour leurs peines & vacations d'avoir assisté à voir faire ledit Chef-d'œuvre, à chacun quarante sols parisis, sans que lesdits Jurés puissent prendre ou exiger autre chose, encore qu'il leur fût offert, sur peine du quadruple & de privation de leurs Charges de Jurés.

IV.

ITEM. Que nul ne pourra faire fait de Maître Cartier, Faiseur de Cartes, Tarots, Feuillets & Cartons en cette Ville & Fauxbourgs de Paris, s'il ne tient Ouvroir ouvert sur rue, & s'il n'a été reçu & institué Maître audit Métier par la forme & maniere que dessus.

V.

ITEM. Chacun desdits Maîtres ne pourra dorénavant avoir qu'un Apprentif, si le Maître ne tient au moins cinq ou six Compagnons ordinairement, & audit cas pourra prendre deux

Apprentifs, lesquels il ne pourra prendre à moindre tems de quatre ans chacun ; & auparavant de les prendre, sera tenu les faire obliger pardevant deux Notaires, & en la présence de l'un des Jurés, sur peine de quarante sols parisis d'amende, toutefois sur la derniere année de leur Apprentissage du premier obligé desdits Apprentifs, pourront en prendre un autre.

VI.

ITEM. Ne pourront lesdits Maîtres transporter leurs Apprentifs les uns aux autres, sans en avertir les Jurés, lesquels en feront Regîtres, pour obvier aux abus qui se pourroient commettre, sur pareille peine à chacun desdits Maîtres contrevenans.

VII.

ITEM. Que les Enfans des Maîtres pourront demeurer avec leurs Peres pour leur apprendre leur Métier, sans qu'ils tiennent lieu d'Apprentif à leurdit Pere, outre & par dessus lesquels lesdits Peres pourront avoir deux Apprentifs, s'ils tiennent cinq ou six Compagnons, au moins comme dit est : Toutefois si lesdits enfans desdits Maîtres apprenoient chez autres Maîtres que leurs Peres, ils n'y tiendront lieu d'Apprentif, & hors qu'ils demeurent chez leur Pere & y apprennent sans tenir lieu d'Apprentif, ils ne laisseront d'acquérir les Franchises dudit Métier de Maître Cartier.

V.III.

ITEM. Et quant aux Filles desdits Maîtres, encore que leur Pere allât de vie à trépas, ne seront tenues de faire aucun Apprentissage dudit Métier, ains pourront travailler d'icelui (si bon leur semble) comme Compagnon dudit Métier sous un des Maîtres.

IX.

ITEM. Que les Veuves desdits Maîtres, tant qu'elles se contiendront en viduité, jouiront de pareils Privileges que leurs Maris ; mais si elles se remarient en secondes Noces à autre que du Métier, elles perdront ledit Privilege de Maîtrise.

X.

ITEM. Les Veuves des Maîtres pourront faire parachever aux Apprentifs qui auront été obligés à leurs défunts Maris, leur Apprentissage sous elles, pourvu qu'elles entretiennent les Boutiques de leursdits Maris, & qu'elles ne se remarient à autre que dudit Métier, autrement seront lesdites Veuves tenues remettre les Apprentifs ès mains defdits Jurés, lefquels feront aufli tenus de les faire parachever leur tems d'Apprentiffage fous autres Maîtres dudit Métier.

XI.

ITEM. Ne pourront lefdits Maîtres dudit Métier porter, ne faire porter Marchandifes de Cartes, Tarots, Feuillets & Cartons par la Ville, Fauxbourgs & Hôtelleries de Paris, pour iceux expofer en vente, mais les tiendront en leurs Ouvroirs ou Chambres, finon, au cas qu'ils en fuffent requis par les Bourgeois, Marchands & Forains, d'en porter en leur Logis ou Hôtelleries.

XII.

ITEM. Que nul Maître dudit Métier ne pourra vendre, n'expofer Cartes en vente pour Cartes fines, fi elles ne font faites de Papier cartier fin devant & derriere, & des principales couleurs, Inde & Vermillon, en peine de confifcation de ladite marchandife, applicable aux Pauvres.

XIII.

ITEM. Que nul Maître dudit Métier ne pourra travailler, ne faire travailler en fa maifon ni ailleurs, pour lui, fa femme, enfans & famille, plutôt qu'à cinq heures du matin, & plus tard qu'à dix heures du foir en toutes faifons, finon les Apprentifs pour piquer & étendre, en cas qu'il y ait Ouvrage collé, en peine de quarante-cinq fols parifis d'amende.

XIV.

ITEM. Que tous Forains ou Marchands de cette Ville de Paris, qui ameneront ou feront venir Marchandifes de Cartes, Tarots, Feuillets & Cartons en cette Ville, ne pourront icelles vendre, n'expofer en vente en cettedite Ville & Fauxbourgs, que premiérement lefdits Ouvrages ne foient vus, vifités & marqués par lefdits Jurés, pour favoir fi lefdits Ouvrages font bons, loyaux & marchands, pour obvier aux abus qui fe commettent ordinairement, fur peine de confifcation de ladite marchandife, & d'amende arbitraire.

XV.

ITEM. Que lefdits Jurés ne pourront intenter, ne commencer aucuns Procès touchant le Réglement, Police & fait dudit Métier, fans premiérement avertir la Communauté dudit Métier, en peine de quarante fols parifis d'amende envers le

Roi, & de souffrir en leur propre & privé nom l'événement du Procés.

XVI.

ITEM. Que les Maîtres dudit Métier, Faiseurs de Cartes, Tarots, Feuillets & Cartons, seront tenus avoir chacun en leur droit les marques différentes les unes aux autres, & à icelles marques coter le nom, surnom & enseigne où est pliée leur marchandise, sans pouvoir usurper les noms, marques, contre-marques, enseigne & devise les uns des autres, lesquelles marques ils seront tenus prendre des Jurés à leur réception, différentes à la marque, contre-marque & enseigne des Peres des Maîtres & successeurs, lesquelles marques seront tenus lesdits Maîtres & chacun d'eux, marquer en un Tableau qui sera en la Chambre du Procureur du Roi au Châtelet de Paris, pour y avoir recours quand besoin sera, sur peine de confiscation de ladite marchandise, & de dix écus d'amende.

XVII.

ITEM. Que les Serviteurs gagnans argent, ne pourront laisser leur Maître, ne changer icelui, qu'auparavant ils n'aient servi leursdits Maîtres un mois entier, & les Maîtres ne leur pourront donner aucune besogne, s'ils ne sont quittes au Maître d'avec lequel ils sortent, ou de son consentement, sur peine de quatre écus d'amende.

XVIII.

ITEM. S'il advenoit qu'aucun Maître dudit Métier voulût marier sa fille à un Compagnon qui auroit été Apprentif de Maître en ladite Ville par le tems & espace de quatre ans, comme dessus est dit, en ce cas ledit Compagnon, pour se passer Maître, ne payera plus grande somme que les enfans desdits Maîtres à leur réception.

XIX.

ITEM. Pour la conservation dudit Métier, seront élus deux Prud'hommes Jurés d'icelui Métier, desquels sera changé d'an en an, qui sera mis avec l'ancien qui demeurera : Tellement que chacun desdits Jurés fera la charge deux ans entiers, & se fera ladite Election chacun le premier Lundi d'après les Rois par la Communauté des Maîtres dudit Métier; lesquels à cette fin s'assembleront pardevant le Procureur du Roi, en sa Chambre au Châtelet de Paris, par lesquels Jurés seront faites toutes visitations nécessaires à faire audit Métier, tant en ladite Ville & Fauxbourgs de Paris, sans que par visitation desdits Fauxbourgs, ils soient tenus demander licence aux Hauts-Justiciers, quelque privilege & droits de Haute-Justice qu'ils aient, attendu qu'il est question de Police, de laquelle la connoissance appartient seulement au Prévôt de Paris.

X X.

ITEM. Pourront lesdits Jurés, si-tôt & incontinent qu'ils auront été élus par les Maîtres, fait & prêté serment en la Charge de Jurés devant le Procureur du Roi audit Châtelet, se transporter ès maisons de ceux qu'ils sauront & connoîtront se mêler de faire des Ouvrages de leurdit Métier, & les contraindre d'aller servir les Maîtres d'icelui Métier, ou de renoncer audit Métier, si mieux ils n'aiment se faire recevoir Maîtres, suivant la forme contenue ci-dessus.

X X I.

ITEM. Au cas qu'il vienne Marchandise dudit Métier quelle que ce soit, apportée par les Marchands Forains, ne pourra être achetée par un d'eux, ou autres dudit Métier, & particuliérement par aucun d'eux ; mais pour l'acheter, tous lesdits Maîtres y seront appellés, afin que chacun en ait sa part, s'il a envie d'en avoir.

X X I I.

ITEM. Que nul Maître dudit Métier ne pourra mettre en besogne ; ne se faire servir d'aucune personne, s'il n'est du Métier & fait Apprentissage.

Fait & arrêté entre nous soussignés Maîtres dudit Métier, le dernier jour de Mars mil cinq cent quatre-vingt-quatorze. *Signé*, Guymier, Jean Merieu, Marole, Martin Huillart, Jean Merieu ; Marque de Laurent Taupin ; Marque de Daniel Merieu, & Marque de Jean Gripon.

Collationné à l'Original par moi Conseiller-Secrétaire du Roi & de ses Finances.
DE LA CROIX.

Régistré, oüi le Procureur-Général du Roi, pour jouir par les Impétrans & leurs successeurs en ladite Communauté de l'effet & contenu

contenu en iceux, & être exécuté selon leur forme & teneur; enjoint aux Jurés de ladite Communauté d'y tenir la main, & d'en informer exactement le Lieutenant-Général de Police, & le Substitut du Procureur-Général du Roi au Châtelet, des contraventions qui y seront faites, suivant l'Arrêt de ce jour. A Paris, en Parlement, le 24 Septembre 1722. Signé, GILBERT.

LETTRES-PATENTES

En forme d'Edit, donné à Paris au mois d'Octobre 1584.

Qui maintient les Maîtres Cartiers dans tous leurs droits & privileges.

HENRI, par la grace de Dieu, Roi de France & de Navarre: A tous présens & à venir: SALUT. Sur la remontrance à Nous faite par les Jurés & Maîtres du métier de Cartier & Faiseur de Cartes, Tarots, Feuillets & Cartons, au nombre de huit seulement; que pour obéir & satisfaire à l'Edit fait par le feu Roi dernier, notre très-honoré Seigneur & Frere (que Dieu absolve) en l'an mil cinq cent quatre-vingt-trois, sur la réformation & établissement des Maîtrises de tous Arts & métiers; & lesdits Jurés & Maîtres dud. métier de Cartier, auroient, suivant les Edits, payé les sommes auxquelles ils auroient été taxés & cotisés pour parvenir à la Maîtrise, dés-lors après avoir été reçus Maîtres, ils font le serment pardevant notre Procureur au Châtelet de Paris, ils auroient fait mettre par écrit certains Articles en forme de Statuts & Ordonnances pour le Réglement & Police de leur métier, suivant & conformément aux Edits, & comme il leur étoit enjoint, commandé de convenir & accorder entr'eux lesdits Articles pour éviter à toutes fraudes & abus, desquels Articles les Maîtres & Jurés dudit métier de Cartier, nous auroient très-humblement suppliés & requis, que notre bon plaisir soit leur octroyer nos Lettres de confirmation des pri-

B

vileges, franchises & libertés de leurdit métier, comme ayant satisfait à l'Edit de notre feu Sieur & Frere, & se soumettant comme de fait, ils se sont soumis de garder & observer inviolablement les Statuts & Ordonnances d'icelui : Savoir faisons, que les sentimens de notre Prévôt de Paris, aux fins de ladite confirmation, le Cahier des Articles en forme des Statuts & Ordonnances signés desdits Jurés & Maîtres dudit métier de Cartier, & quittance de la somme de quinze écus, mise ès mains du Trésorier de nos Parties Casuelles, pour la confirmation de tous ces privileges, franchises & libertés; le tout ci-attaché sous notre contre-scel : POUR CES CAUSES, Nous avons iceux, permettons franchises & libertés continuées & approuvées & confirmées, continuons & approuvons & confirmons par ces Présentes, pour en jouir & user par lesdits Supplians, ainsi que ci-devant joui, & usent & jouissent de présent. Si mandons audit Prevôt de Paris, ou son Lieutenant, que ces Présentes avec cesdits Articles & Ordonnances, ils vérifient & fassent enrégistrer ès Registres de notre Chambre audit Châtelet, sans aucunement y contrevenir, nonobstant oppositions ou appellations quelconques, & sans préjudice d'icelles, pour lesquelles ne voulons être differé : car tel est notre plaisir. DONNE' à Paris au mois d'Octobre, l'an de grace mil cinq cent quatre-vingt-quatre, & de notre regne le sixieme, & sur le repli, par le Roi, signé, de la Croix, & à côté *Visa contentiæ*, signé, Poussepin, & scellé en cire verte, sur lacs de soie rouge & verte du grand Scel.

Collationné à l'Original par moi Conseiller-Secrétaire du Roi & de ses Finances.
DE LA CROIX.

ORDONNANCE DU GARDE

De la Prévôté de Paris, du 7 Septembre 1594.

Portant entérinement des Statuts & Ordonnances du Métier de Maître Cartier, pour jouir par lesdits Maîtres de l'effet & contenu d'icelles, selon leur forme & teneur : en conséquence, ordonne que lesdits Statuts seront régistrés ès Registres du Châtelet de Paris, pour y avoir recours quand besoin sera.

A TOUS ceux qui ces Présentes verront, Jacques Daumont, Chevalier, Baron du Chappes, Seigneur de Dien le Palxeau, encore Conseiller du Roi, Gentilhomme ordinaire de sa Chambre, & Garde de la Prévôté & Vicomté de Paris; SALUT. Savoir faisons, que vû les Lettres-Patentes du Roi, en forme de confirmation, formées au mois d'Octobre mil cinq cent quatre-vingt-quatre, signées par le Roi, de la Croix, & à côté *Visa contentiæ*, Poussepin, scellées du grand Scel en lacs de soie rouge & de cire verte, obtenues & impétrées par les Jurés & Maîtres du métier de Cartier & Faiseur de Cartes, Tarots, Feuillets & Cartons, au nombre de huit seulement, par lesquelles ils auroient remontré que pour obéir & satisfaire à l'Edit fait par le feu Roi dernier, que Dieu absolve, en l'an mil cinq cent quatre-vingt-trois, & sur la réformation & établissement des Maîtres, & tous Arts & métiers, ils auroient, suivant l'Edit, payé les sommes auxquelles ils auroient été taxés & cotisés pour parvenir à la Maîtrise ; & dès-lors après avoir été reçus Maîtres, & fait le serment pardevant le Procureur du Roi au Châtelet de Paris, ils auroient fait mettre par écrit certains Articles en forme de station, & Ordonnance pour le Réglement & Police de leur métier, suivant & conformément audit Edit, & comme il leur étoit enjoint & commandé de convenir & ac-

B ij

corder entr'eux lesdits Articles, pour éviter à toutes fraudes & abus desquels ils auroient requis leur être octroyés Lettres de confirmation des privileges, franchises & libertés de leurdit métier, comme ayant satisfait à l'Edit dudit feu Sieur Roi ; & auroit ledit Sieur Roi, lesdits privileges, franchises & libertés continué, approuvé & conformé, pour en jouir & user lesdits Jurés & Maîtres dudit métier de Cartier, ainsi que ci-devant ils ont bien & duement joui, & usent & jouissent même à présent ; & par icelles mandent lesdites Lettres de confirmation, avec lesdits Articles & Ordonnances être par nous vérifiées, & icelles faire enrégistrer ès Regiftres du Châtelet de Paris, sans aucunement y contrevenir, nonobstant oppositions ou appellations quelconques, & sans préjudice d'icelles : la Requête à Nous présentée par lesdits Jurés & Maîtres Cartiers, tendante à ce qu'il Nous plût leur entériner lesdites Lettres de confirmation, Statuts & Ordonnances, selon leur forme & teneur ; & icelles être enrégistrées ès Regiftres dudit Châtelet, pour y avoir recours quand besoin sera. Nous pour considération du contenu en ladite Requête, vu les Articles des Statuts & Ordonnances dudit métier de Cartier ; oüi le Procureur du Roi du Châtelet de Paris, auquel le tout a été montré & communiqué, & de son consentement, avons lesdites Lettres de confirmation, Statuts & Ordonnances entérinées, & icelles entérinons de point en point, selon leur forme & teneur, desdits Jurés & Maîtres Cartiers, pour jouir par eux de l'effet & contenu d'icelles, selon leur forme & teneur ; & ordonnons qu'icelles Lettres de confirmation, Statuts & Ordonnances dudit métier de Cartier, seront régiftrées ès Regiftres du Châtelet de Paris, pour y avoir recours quand besoin sera : en témoin de ce, Nous avons fait mettre à ces Préfentes le Scel de la Prévôté de Paris. Ce fut fait & donné par Jean Seguier Sieur d'Autry, Conseiller du Roi en ses Conseils d'Etat & Privé, & Lieutenant-Civil en la Prévôté & Vicomté de Paris, le mercredi septieme jour de Décembre mil cinq cent quatre-vingt-quatorze. Collationné.

Signé, DROUART.

Entérinement de Lettres.

LETTRES-PATENTES

Du mois de Février 1613.

Pour l'exécution des anciens Statuts du dernier Mars 1594, qui ordonnent que tous les Maîtres reçus au Métier de Cartier & Faiseur de Cartes, Tarots, Feuillets & Cartons à Paris, seront tenus de mettre leurs noms & surnoms, Enseignes & Devises qu'ils auront optés au Valet de Trefle de chaque Jeu de Cartes, tant larges qu'étroites, sous peine de confiscation & de soixante livres d'amende.

LOUIS, par la Grace de Dieu, Roi de France & de Navarre: A tous présens & à venir; SALUT. Nos chers & bien amés les Jurés & Maîtres du métier de Cartier & Faiseur de Cartes, Tarots, Feuillets & Cartons de notre bonne Ville de Paris, Nous ont fait dire & remontrer, qu'ayant pour l'ordre & police de leur métier, dressé certains Statuts qu'ils ont présentés à notre Prévôt de Paris ou son Lieutenant, ils ont été trouvés si raisonnables, que par Sentence du douzieme Juillet 1594, ils ont été autorisés; & le feu Roi dernier décédé, notre très-honoré Sieur & Pere d'heureuse mémoire, que Dieu absolve, les leur a confirmés par ses Lettres-Patentes du mois d'Octobre audit an, dont depuis ledit tems les Exposans ont joui paisiblement, & jouissent encore, & ont payé le droit de confirmation d'iceux, auquel ils ont été taxés. Mais ayant remarqué par la suite du tems, que quelques-uns abusoient de leursdits privileges, ils ont desiré ajouter quatre Articles à leurs Statuts; lesquels ils ont présenté à notre Prévôt de Paris, afin qu'il eût à considérer s'ils étoient utiles, ou dommageables au Public; & lui les ayant vus, ensemble le Substitut de notre Procureur-Général audit Châtelet, ils les ont homologués & approuvés ; & pour ce, lesdits Exposans qui ont intérêt que leurs Statuts soient par Nous confirmés, ensemble lesdits quatre Articles par eux ajoutés, qui sont ci-attachés sous notre contre-scel, ont recours à Nous, pour avoir nos Lettres nécessaires, humblement requérans icelles. A CES CAUSES, desirant leur subvenir en cet endroit, Nous avons lesdits anciens Statuts & quatre Articles de nouveau ajoutés, & comme dit est, ci-attachés sous notre contre-scel, tous ratifiés & approuvés, & en tant que besoin est ou seroit de nouveau concédés & octroyés, donnons, ratifions, & de nouveau concédons, voulons & Nous plaît, que d'iceux lesdits Jurés, Cartiers & Maîtres dudit métier de Cartier & Faiseur de Cartes, Tarots, Feuillets & Cartons de notre bonne Ville de Paris, jouissent & usent tout ainsi qu'ils ont par ci-devant bien & duement joui & usé, jouissent & usent encore de présent, & doivent jouir par l'aveu de notre Prévôt de Paris, ci-attaché, comme dit est, sous notre contre-scel ; & ce faisant, ordonnons que dorénavant tous les Maîtres dudit métier reçus en cette Ville, suivant les Ordonnances dudit métier, seront tenus, & leur est enjoint de mettre leurs noms & surnoms, enseignes & devises qu'ils auront optés, au Valet de Trefle de chaque Jeu de Cartes, tant larges qu'étroites ; & aux Cartes qu'ils voudront fabriquer, sur peine de confiscation de leurs Marchandises, & de 60 livres tournois d'amende. Faisons défenses à tous Cartiers des Villes & aucuns lieux de notre Royaume de faire, contrefaire, inventer, ni falsifier directement ni indirectement, les Moules, Portraits, Figures & autres caracteres desdites Cartes, dont lesdits Cartiers de notre bonne Ville de Paris, ont toujours joui & usé, jouissent & usent encore à présent, & dont les copies desdits Portraits, Figures sont ci-attachées, sur peine de confiscation desdites Cartes ou autres Marchandises qui se trouveront être enveloppées avec icelles, & de cinquante-cinq livres d'amende, applicable le tiers à Nous, l'autre auxdits Cartiers de Paris, & l'autre tiers au Dénonciateur. Faisons défenses à tous Marchands Merciers, Grossiers, & à tous autres, faire faire aucunes Cartes contrefaites semblables auxdits Portraits, Figures ci-attachées, sur les mêmes peines. Enjoignons à tous ceux qui se feront recevoir en ladite Maîtrise de Cartier, Faiseur de Cartes, Tarots, Feuillets & Cartons de Paris, faire leurs Cartes & Tarots, tant larges qu'étroites, sur lesdits Moules & Portraits, dont lesdits Maîtres usent aujourd'hui de pareille largeur & grandeur ; & pour ce sujet, seront tenus prendre la mesure desdites planches qu'ils voudront faire tailler & graver sur les étalons qui seront pardevers les Jurés dudit Métier ; & ce, à peine de confiscation des Cartes qui se trouveront faites d'autre sorte, cassation desdits Moules, & 60 livres tournois d'amende. Faisons défenses à tous Maîtres dudit métier, de faire, ni faire faire aucunes Cartes appellées Maîtresses, soit larges ou étroites ; si ce n'est du triage des Cartes fines, sur peine de confiscation desdites Cartes Maîtresses, & de 10 liv. tournois d'amende. SI DONNONS EN MANDEMENT à notredit Prévôt de Paris ou son Lieutenant ; que ces Présentes seront lues, & le tout contenu en icelles, ensemble auxdits Statuts & Articles ci-attachés, il fasse lire & régistrer, du contenu en iceux, jouir & user lesdits Exposans, & faire garder & observer pleinement, paisiblement & perpétuellement ; & à ce faire & souffrir, contraindre tous ceux qu'il appartiendra & besoin sera, par toutes voies dues & raisonnables ; car tel est notre plaisir. En témoin de quoi Nous avons fait mettre notre Scel auxdites Présentes, sauf en aucunes choses, notre droit, & l'autrui en toutes. Donné à Paris au mois de Février, l'an de grace mil six cent treize ; & de notre regne le troisieme. Par le Roi. *Signé*, DUFOS.

ORDONNANCE DU GARDE

De la Prévôté, Lieutenant-Civil du Châtelet de Paris, du 20 Mars 1648.

Portant qu'il sera élu deux d'entre les Maîtres Cartiers, pour être Maître de Confrairie de leur Communauté ;

laquelle élection se fera à la pluralité des voix. Lesdits Maîtres feront ladite fonction & Charge pendant deux années ; à la fin de la premiere desquelles sera élu un nouveau Maître de ladite Confrairie, au lieu de celui qui sortira ; laquelle nomination & élection sera faite le lendemain des Rois de chacune année ; & pour l'entretenement de ladite Confrairie, chacun desdits Maîtres & Compagnons bailleront dans la boîte d'icelle, savoir : chacun Maître vingt sols, & chacun Compagnon douze sols ; & les Compagnons qui viendront travailler dudit Métier à Paris, donneront dix livres à la boîte pour leur bien-venue ; lesquels Maîtres & Compagnons seront appellés à la rendition de compte du Maître de Confrairie, sortant le lendemain des Rois.

A Tous ceux qui ces présentes Lettres verront : Louis Seguier, Chevalier, Baron de Saint Brisson, Seigneur des Ruaux, & de Saint Firmin, Conseiller du Roi, notre Sire, Gentilhomme ordinaire de sa Chambre, & Garde de la Prévôté de Paris, SALUT. Savoir faisons, que vu l'Acte passé pardevant Parque & Crespin, Notaires en cette Cour, le troisième de ce mois, entre Benoît Revel & Jacques Vieville, Maîtres Cartiers à Paris, & à présent Jurés dudit métier, Pierre Pélet, Pierre de Laistre, Claude Vauchelin, Pierre Tutelle, Nicolas Robert, Pierre Matoujeau, Raoul Pellé, Robert S. Pierre, Louis & Michel de la Rue, Pierre Hulin, Jean Mercieux, Antoine Mercieux, Jean Robert, Pierre Deu & François de Laistre, tous Maîtres dudit métier d'une part ; & Claude le Blond, Pierre de la Hupeoir, Jean Paumier, Etienne Hurel, Pierre Helouin, Roger Vire, Jacques Varin, Nicolas Gabouret, Robert François, Pierre Poullet, Guillaume Rabbe, Jean le Blond, Nicolas Guillins, Venant Frenet, Jean de la Rue, Jacques Roblin, Jean le Blond, & Georges le Blond, tous Compagnons dudit métier, d'autre part ;

part ; par lequel lesdits Maîtres auroient consenti qu'à l'avenir il soit élu deux d'entr'eux pour être Maîtres de Confrairie de leur Communauté, laquelle élection sera faite à la pluralité des voix, & lesdits Maîtres feront ladite fonction & Charge pendant deux années, à la fin de la premiere desquelles sera élu un nouveau Maître de ladite Confrairie au lieu de celui qui sortira, laquelle élection & nomination sera faite le lendemain des Rois de chacune année, après la Messe des Trépassés, qui sera célébrée en leur Chapelle : en telle sorte qu'à la premiere, élection & nomination d'un Maître de ladite Confrairie, se fera le lendemain de la Fête des Rois prochaine : pour l'entretiennement de laquelle Confrairie, chacun desdits Maîtres & Compagnons bailleront annuellement dans la boîte d'icelle, savoir, chacun Maître vingt sols, & chacun Compagnon douze sols, laquelle boîte demeurera entre les mains desdits Maîtres de Confrairie, & dont lesdits Compagnons auront un clef tout ainsi que lesdits Maîtres, afin que l'ouverture n'en puisse être faite qu'en la présence desdits Maîtres & Compagnons, lesquels Compagnons seront appellés, tant à ladite ouverture, qu'à ladite reddition des comptes que lesdits Maîtres de Confrairie rendront annuellement le lendemain des Rois, après ladite Messe des Trépassés, qui sera dite & célébrée en ladite Chapelle, des deniers qui se trouveront dans ladite boîte, les Ornemens & Argenterie de laquelle Chapelle seront mis ès mains desdits Maîtres de Confrairie, pour y demeurer tant qu'ils seront en Charge : Que tous Compagnons qui viendront de la campagne, & se présenteront pour être reçus en boutique, seront obligés de payer pour leur bien-venue à la boîte de Confrairie, la somme de dix livres. Et ne pourront lesdits Maîtres accepter lesdits Compagnons, qu'ils ne fassent apparoir de leurs Brevets d'Apprentissage, & des Quittances de leurs Maîtres d'Apprentissage, lesquels Brevets & Quittances seront mis ès mains du Clerc de ladite Communauté, afin de les communiquer & faire voir à tous lesdits Maîtres & Compagnons. Si quelques Compagnons se présentent sans avoir ès mains leursdits Brevets & Quittances, lesdits Compagnons auront délai d'un mois pour faire apparoir d'iceux : si après ledit mois ils n'en font apparoir, seront lesdits Maîtres obligés de congédier lesdits Compagnons, aussi lesdits Compagnons certifient de leursdits Brevets & Quittances, soit à leur arrivée, ou après l'expiration dudit mois, & qu'ils n'aient moyen de payer les dix livres pour leur bien-venue entrant & demeurant au service desdits Maîtres, auront délai de faire ledit paiement, savoir, quarante sols par mois, desquels les Maîtres qui les auront acceptés demeureront responsables, tant que lesdits Compagnons demeureront à leur service ; & à l'égard des Compagnons qui se présenteront, qui ne seront capables d'être reçus, leur sera accordé deux mois de séjour à Paris, pendant lesquels ils pourront travailler chez lesdits Maîtres sans payer aucun droit : Et vu aussi la Requête à Nous présentée par les susdits Maîtres & Compagnons, à ce qu'attendu qu'il y a quelques défaillans qui n'ont voulu signer, qui se pourront roidir contre ledit Acte, par opiniâtreté, sans raison quelconque, pour avoir été fait avec avis & avec délibération du Conseil, ils Nous auroient requis icelui vouloir homologuer & ordonner qu'il sera entretenu selon sa forme & teneur, à peine de cinq cens livres d'amende, & de tous dépens, dommages & intérêts, contre chacun des contrevenans, au paiement de laquelle ils seront contraints par emprisonnement, nonobstant opposition ou appellation, sans préjudice d'icelle, laquelle Requête aurions ordonné être communiquée au Procureur du Roi, qui auroit consenti l'homologation dudit Contrat & Acte, Nous avons ledit Contrat & Acte passé entre les susdits Jurés & Maîtres Cartiers, d'une part, & les Compagnons dudit métier, d'autre, pardevant Parque & Crespin, Notaires de cette Cour, le troisieme de ce mois, homologué & homologuons, selon sa forme & teneur, pour être entretenu & exécuté de point en point, à peine de cinq cens livres d'amende, & de tous dépens, dommages & intérêts contre les contrevenans, à quoi ils seront contraints par corps, nonobstant opposition & appellation, & sans préjudice d'icelles : En témoin de ce, Nous avons fait sceller ces Présentes. Données & prononcées par Messire Dreux d'Aubray, Conseiller du Roi en ses Conseils d'État & Privé, Lieutenant Civil de la Ville, Prévôté & Vicomté de Paris, le vingtieme Mars mil six cent quarante-huit. Collationné. *Signé*, DE LONGUEIL.

LETTRES-PATENTES
Du mois de Février 1722.

Par lesquelles Sa Majesté confirme & autorise les anciens Statuts & Réglemens des mois d'Octobre 1594 & 5 Janvier 1613, régistrés au Châtelet, pour être exécutés par les Maîtres Cartiers, ainsi qu'ils ont fait jusqu'à présent. Fait Sa Majesté défenses aux Maîtres & Ouvriers dudit Métier, de s'établir, travailler ou tenir Boutique dans les lieux prétendus privilégiés, afin de prévenir l'altération qu'ils pourroient faire à la qualité que doivent avoir les Cartes, par la facilité qu'ils auroient à les cacher & les soustraire à la Visite des Jurés, avec l'Arrêt d'enrégistrement du Parlement, du 4 Septembre 1722, qui enjoint aux Jurés de lad. Communauté d'informer exactement le Lieutenant Général de Police, & le Substitut du Procureur Général du Roi au Châtelet, des contraventions qui seront faites par lesdits Maîtres auxdits Statuts.

LOUIS, par la grace de Dieu, Roi de France & de Navarre : A tous présens & à venir, les Jurés & Maîtres du Métier de Cartier & Faiseur de Cartes, Tarots, Feuillets & Cartons de notre bonne Ville de Paris, Nous ont fait remontrer que leurs prédécesseurs ayant dressé des Statuts pour leur servir de regle, & prévenir les abus qui pourroient arriver dans ledit Métier; lesdits Statuts auroient été autorisés, approuvés & confirmés par notre très-honoré quatrieme Ayeul Henry IV. par Lettres du mois d'Octobre 1594, lesquels auroient été bien & duement enrégistrés au Châtelet de Paris, auquel l'adresse en auroit été faite; lesdits Jurés ayant

C ij

dans la suite reconnu qu'il étoit néceſſaire d'ajouter quelques Articles auxdits Statuts, ils ſe ſeroient pourvus en notre Conſeil, où par Arrêt du cinq Janvier mil ſix cent treize, ils auroient été renvoyés pardevant le Lieutenant Civil audit Châtelet, pour donner ſon avis ſur leſdits nouveaux Articles, à quoi ayant été ſatisfait, notre très-honoré Ayeul & Triſayeul Louis XIII. auroit par ſes Lettres du mois de Février mil ſix cent treize, agréé, ratifié, autoriſé & approuvé, tant leſdits anciens Statuts, que les nouveaux Articles y ajoutés, leſquelles ont pareillement été adreſſées aud. Châtelet, où elles y ont été bien & duement enrégiſtrées, depuis lequel tems les Expoſans & leurs Prédéceſſeurs ont vécu ſur la foi deſdits Statuts, qu'ils ont tâché d'obſerver avec toute l'exactitude poſſible ; mais comme les Expoſans ne ſavent point s'ils ont été confirmés par notre très-honoré Seigneur & Biſayeul, & qu'il leur eſt important qu'ils le ſoient à notre avénement à la Couronne, ils ont été conſeillés, pour prévenir le trouble qu'on pourroit leur faire par le défaut de confirmation d'iceux, de Nous ſupplier de leur accorder nos Lettres ſur ce néceſſaire. A CES CAUSES, voulant favorablement traiter les Expoſans, les maintenir & garder dans leurs droits & privileges, au bien & avantage du Public, de l'avis de notre très-cher & très-amé Oncle le Duc d'Orléans, petit-fils de France, Régent, de notre très-cher & très-amé Oncle le Duc de Chartres, premier Prince de notre Sang, de notre très-cher & trèsamé Couſin le Duc de Bourbon, de notre très-cher & trèsamé Couſin le Comte de Charolois, de notre très-cher & très-amé Couſin le Prince de Conti, Princes de notre Sang, de notre très-cher & très-amé Oncle le Comte de Touloufe, Prince légitime, & autres Pairs de France, Grands & Notables Perſonnages de notre Royaume, qui ont vu leſdits Statuts & Lettres-Patentes expédiées ſur iceux, des mois d'Octobre 1794 & Février 1613, ci-attachées aux autres pieces, ſous le contre-ſcel de notre Chancellerie, de notre grace ſpéciale, pleine puiſſance & autorité Royale, Nous avons agréé, confirmé & autoriſé, confirmons, agréons & autoriſons par ces Préſentes ſignées de notre main, leſdits Statuts & Réglemens, pour en jouir par les Expoſans & leurs Succeſſeurs audit Métier, selon leur forme & teneur, & en augmentant une nouvelle précaution à celles portées par lesdits Statuts, Nous avons fait & faisons défenses aux Maîtres & Ouvriers dudit Métier, de s'établir, travailler ou tenir Boutique dans les lieux prétendus privilégiés, afin de prévenir l'altération qu'ils pourroient faire à la qualité que doivent avoir les Cartes, par la facilité qu'ils auroient à les cacher, & les soustraire à la Visite des Jurés, pourvu toutefois que depuis leur obtention il ne soit intervenu aucun Arrêt ou Réglement au contraire : SI DONNONS EN MANDEMENT à nos amés & féaux Conseillers, les gens tenans notre Cour de Parlement à Paris, que ces Présentes ils fassent régistrer, & de leur contenu jouir & user les Exposans, leurs Successeurs audit Métier, pleinement, paisiblement & perpétuellement, cessant & faisant cesser tous troubles & empêchemens au contraire. CAR tel est notre plaisir ; & afin que ce soit chose ferme & stable à toujours, Nous avons fait mettre notre Scel à ces Présentes, DONNE' à Paris au mois de Février 1722, & de notre regne le septieme. *Signé*, LOUIS, & sur le repli est écrit par le Roi. Le Duc d'Orléans, Régent présent. *Signé*, PHELIPEAUX.

Régistré ; oüi le Procureur Général du Roi, pour jouir par les Impétrans & leurs Successeurs en ladite Communauté, de l'effet & contenu en icelles, & être exécutées selon leur forme & teneur ; enjoint aux Jurés de ladite Communauté d'y tenir la main, & d'informer exactement le Lieutenant Général de Police & le Substitut du Procureur Général du Roi au Châtelet, des contraventions qui y seroient faites suivant l'Arrêt de ce jour. A Paris en Parlement, le 4 Septembre 1722. Signé, GILBERT.

ARRÊT
DE LA COUR
DU PARLEMENT,

Pour l'Enrégistrement desdites Lettres-Patentes du mois de Février 1722.

Du 4 Septembre 1722.

EXTRAIT DES REGISTRES DE PARLEMENT.

VU par la Cour les Lettres-Patentes du Roi données à Paris au mois de Février mil sept cent vingt-deux, signées LOUIS, & sur le repli, par le Roi, le Duc d'Orléans, Régent présent, PHELIPEAUX, & scellées en lacs de soie du grand Sceau de cire verte, obtenues par les Jurés & Maîtres du Métier de Cartier & Faiseur de Cartes, Tarots, Feuillets & Cartons de cette Ville de Paris, par lesquelles, pour les causes y contenues, le Seigneur Roi auroit agréé, confirmé & autorisé les Statuts & Lettres-Patentes expédiées sur iceux, des mois d'Octobre 1594 & Février 1613, attachées sous le contre-scel desdites Lettres, pour en jouir par les Impétrans & leurs successeurs audit Métier, selon leur forme & teneur, & en augmentant une nouvelle précaution à celles portées par lesdits Statuts : Fait défenses aux Maîtres & Ouvriers dudit Métier, de s'établir, travailler ou tenir Boutique dans les lieux prétendus privilégiés, afin de prévenir l'altération qu'ils pourroient faire à la qualité que doivent avoir les Cartes, par la facilité qu'ils auroient à les cacher & à les soustraire à la Visite des Jurés, pourvu toutefois que depuis leur obtention il ne soit intervenu aucun Arrêt ou Réglement au contraire, ainsi qu'il est plus au long contenu esdites Lettres-Patentes à la Cour adressantes, une copie en parchemin non-timbré, collationnée par le Sieur de la Croix, Secrétaire du Roi, des Statuts desdits Impétrans, faits & arrêtés en vingt-deux Articles le 31 Mars 1594. Autre copie aussi en parchemin non-timbré, & collationnée par ledit de la Croix, Secrétaire du Roi, des Lettres-Patentes du mois d'Octobre audit an 1594, portant confirmation desdits Statuts, & adressantes au Prévôt de Paris; la Sentence du Châtelet du 7 Décembre suivant, d'entérinement desdites Lettres-Patentes du feu Roi Louis XIII. confirmatives desdits anciens Statuts, & de quatre nouveaux Articles y ajoutés, & au long énoncés esdites Lettres aussi adressées au Prévôt de Paris; la Sentence d'entérinement d'icelles au Châtelet, du 12 des mêmes mois & an; l'Arrêt de la Cour du 16 Mars 1722, par lequel avant de procéder à l'enrégistrement desdites Lettres du mois de Février précédent, elle auroit ordonné qu'icelles, & les Statuts & Lettres Patentes des mois d'Octobre 1594 & Février 1613, attachées sous le contre-Scel desdites premieres Lettres, seroient communiquées au Lieutenant Général de Police, & au Substitut du Procureur Général du Roi au Châtelet, pour donner leur avis sur lesdites Lettres & Statuts, & aux Jurés & Communautés desdits Maîtres Cartiers, Faiseurs de Cartes, Tarots, Feuillets & Cartons de cette Ville de Paris, convoqués en la maniere ordinaire, pour y donner leur consentement, ou y dire autrement ce qu'ils aviseroient; pour le tout fait, rapporté & communiqué au Procureur Général du Roi, être ordonné ce que de raison, l'avis dudit Lieutenant Général, & du Substitut du Procureur Général du Roi, du 28 Juillet 1722, portant qu'ils estiment sous le bon plaisir de la Cour, que les Lettres-Patentes peuvent être enrégistrées pour être exécutées selon leur forme & teneur, & qu'il soit enjoint aux Jurés de la Communauté desdits Impétrans d'y tenir la main, & de les informer exactement des contraventions qui y seroient faites; l'Acte d'assemblée des Jurés en Charge & Maîtres de la Communauté desdits Impétrans, convoqués en la maniere ordinaire, du 22 Juin 1722, par lequel, après que lecture leur auroit été faite desdites Lettres-Patentes & Statuts des mois d'Octobre 1594, Février 1613, & Février 1722, ils feroient tous convenus de commun avis, fous le bon plaifir dudit Seigneur Roi & de la Cour, que lefdits Statuts fuffent exécutés, & lefdites Lettres-Patentes du mois de Février 1722 régiftrées, & autres pieces, enfemble la Requête préfentée à la Cour par lefdits Impétrans à fin d'enrégiftrement defd. Lettres-Patentes; Conclufion du Roi: Oüi le rapport de Me. Jérôme le Feron, Confeiller, tout confidéré. La Cour ordonne que lefdites Lettres-Patentes, avec lefdits Statuts, feront enrégiftrés au Greffe d'icelle, pour jouir par lefdits Impétrans & leurs Succeffeurs en ladite Communauté, de leur effet & contenu, & être exécutés felon leur forme & teneur; enjoint aux Jurés de la Communauté defdits Impétrans d'y tenir la main, & d'informer exactement le Lieutenant Général de Police, & le Subftitut du Procureur Général du Roi au Châtelet de cette Ville de Paris, des contraventions qui y feroient faites. Fait en Parlement, le quatre Septembre mil fept cent vingt-deux. Collationné. *Signé.* GILBERT.

DÉLIBÉRATION DE LA COMMUNAUTÉ des Maîtres & Marchands Cartiers, Faifeurs de Cartes, pour l'exécution des Statuts & des Lettres-Patentes du mois de Février 1722.

Du vingt-deux Juin 1722.

CE JOURD'HUI Lundi vingt-deux Juin mil fept cent vingt-deux, au Bureau de la Communauté des Maîtres & Marchands Cartiers, Faifeurs de Cartes, Tarots, Feuillets & Cartons de la Ville & Fauxbourgs de Paris, affemblés, tant Anciens, Modernes & Nouveaux de ladite Communauté, en exécution de l'Arrêt de la Cour de Nofseigneurs de Parlement du 16 Mars 1722. Sçavoir, Jean Dionis, Charles Richard, Jurés de préfent en Charge, Nicaife Mouillet, Nicolas Robert,

bert, Nicolas le Roi, Jacques le Cat, Claude-Pierre Desgrez, Joseph Vimont, Antoine Dauvergne, Jean Alard, Nicolas Thoyer, tous anciens Jurés, Jean-Charles le Brun, François Noyal, Jacques Pezaut, Nicolas Fillieux, Nicolas Dubois, Michel Fullerot, Pierre le Tellier, & Pierre Regnard, tous Modernes de ladite Communauté, lesquels après que lecture leur a été faite par ledit Jean Dionis, Juré en Charge de ladite Communauté, des anciens Statuts de leur Communauté, du dernier Mars 1594. des Lettres-Patentes de Sa Majesté Henry IV. du mois d'Octobre de la même année, obtenues sur lesdits Statuts, de la Sentence rendue au Châtelet de Paris, par Monsieur le Lieutenant Général de Police, du 7 Décembre audit an, portant homologation desdits Statuts & Enrégistrement des Lettres-Patentes de Sa Majesté Louis XIII. du mois de Février mil six cent treize, portant confirmation desdits Statuts, Lettres-Patentes, Sentence dudit Châtelet, du douze Février mil six cent treize, portant enrégistrement & confirmation desdits Statuts & Lettres-Patentes obtenues de Sa Majesté présentement régnante, du mois de Février de la présente année mil sept cent vingt-deux. Et après que lesdits Maîtres & Marchands Cartiers, Faiseurs de Cartes, Tarots, Feuillets & Cartons de ladite Communauté, ont conféré ensemble & séparément sur lesdits Statuts & Lettres-Patentes, sont tous convenus de commun avis, sous le bon plaisir de Sa Majesté & de la Cour, que lesdits Statuts soient exécutés & lesdites Lettres-Patentes du mois de Février dernier régistrées, & ont signé ; ainsi *signé*, Dionis, Richard, Mouiller, Robert, le Roi, le Cat, Desgrez, Vimont, Dauvergne, la marque de Jean Alard, Thoyer, Jean Charles le Brun, François Noyal, Fillieux, Dubois, Fullerot, Pezaut, le Tellier, & Regnard.

SENTENCE DE POLICE,

Qui ordonne que les Compagnons Cartiers ne pourront exiger pour leur travail, un prix plus que celui qui se paye à présent, sauf par la suite aux Maîtres à régler les prix suivant les tems; & fait défenses aux Compagnons de les quitter sans les avoir avertis un mois auparavant.

Du 13 Décembre 1725.

A Tous ceux qui ces présentes Lettres verront, Gabriel-Jérôme de Bullion, Chevalier, Comte d'Esclimont, Prévôt de Paris, Salut. Sçavoir faisons que sur la Requête faite en Jugement devant nous en la Chambre de Police du Châtelet de Paris, par Me. Barthelemi Bernard, Procureur des sieurs Nicolas du Bois & Laurent Jolly, Jurés en Charge de la Communauté des Maîtres Cartiers de la Ville & Fauxbourgs de Paris, Demandeurs, suivant leur Requête verbale signifiée par Cocguard, Huissier Audiencier en cette Cour, le 29 Novembre dernier, à fin de confirmation de l'avis contradictoire de M. le Procureur du Roi, du 20 dudit mois de Novembre, contre Me. Traquetty, Procureur de Jean le Brun, Léonard Caurilleux, Christophe le Comte, & Louis Gourdin & Consors, Maîtres Cartiers à Paris, & de Jean Pinson, Abel Beauvais & Consors, Compagnons, Apprentifs Cartiers de Paris, Défendeurs à ladite Requête verbale susdatée, Parties oüies, lecture faite de l'avis & Requête susdatés : Nous avons l'avis du Procureur du Roi du 20 Novembre dernier, confirmé en conséquence : disons qu'à l'avenir les Maîtres Cartiers, Faiseurs de Cartes à jouer, qui ne sont & ne seront point en état de tenir boutique, les Compagnons, Apprentifs de cette Ville dudit métier, qui ne seront en état de se faire recevoir Maîtres, seront préférés aux Compagnons de campagne dudit métier, pour entrer comme Compagnons à travailler chez les Maîtres de la Communauté tenant boutique : Faisons défenses aux Maîtres de ladite Communauté tenant boutique, lorsqu'ils auront besoin de Compagnons, de refuser lesdits Maîtres & Compagnons Apprentifs de Paris qui se présenteront pour travailler chez eux, & pour lesdits Maîtres, & de prendre à leur préjudice aucuns Compagnons étrangers sous telles peines, amendes qu'il appartiendra : Ordonnons que lesdits Maîtres, Compagnons, Apprentifs de Paris, ni les autres Compagnons étrangers qui sont & entreront chez les Maîtres de ladite Communauté pour y travailler, ne pourront prétendre ni exiger pour leur travail chez lesdits Maîtres que ce qui se paye à présent par lesdits Maîtres aux Compagnons qui sont à leurs services, sauf par la suite auxdits Maîtres à régler le prix suivant les tems : que lesdits Compagnons seront tenus de se comporter avec respect envers leurs Maîtres & Maîtresses, qu'ils ne pourront quitter leurs services qu'après avoir avertis un mois auparavant, à peine d'amende : en cas qu'ils gâtent quelques ouvrages, ils seront diminués sur leurs journées suivant l'estimation des Jurés comptables : que les Maîtres chez lesquels entreront lesdits Compagnons, ne pourront leur avancer plus de dix livres ; que les Maîtres chez lesquels ils rentreront, ne pourront avoir de recours plus que de dix livres ; & sera la présente Sentence, lue, publiée & affichée dans le Bureau de ladite Communauté, & transcrite dans le Regître à la diligence des Jurés : dépens compensés entre les Parties, desquels les Jurés seront néanmoins remboursés par leur Communauté, & leur seront alloués dans leur compte : ce qui sera exécuté nonobstant oppositions, appellations quelconques, & sans préjudice d'icelles, en témoin de quoi nous avons fait sceller ces Pré-

D ij

ſentes. Ce fut fait, donné par Meſſire René Hérault, Chevalier, Seigneur de Fontaine-Labbé, Vaucreſſon & autres lieux, Conſeiller d'Etat, & Lieutenant-Général de Police de la Ville, Prévôté & Vicomté de Paris, tenant le Siege le Vendredi quatorze Décembre mil ſept cent vingt-cinq.

DE BEAUVAIS.

SENTENCE
DE POLICE,

Qui fait défenſes aux Maîtres Cartiers de ſe débaucher les Compagnons les uns des autres, ni leur donner à travailler, s'ils n'ont un conſentement par écrit du Maître de chez lequel ils ſortent: Fait pareillement défenſes aux Maîtres, travaillans comme Compagnons, & aux Compagnons de s'aſſembler ni faire aucune cabale, ni exiger plus haut prix que celui qui ſera reglé par les Jurés tous les ans, au Bureau, en préſence des Anciens.

Du 27 Juin 1738.

A Tous ceux qui ces préſentes Lettres verront, Gabriel-Jérôme de Bullion, Comte d'Eſclimont, Seigneur de Wideville & autres lieux, Maréchal des Camps & Armées du Roi, ſon Conſeiller en ſes Conſeils, Prévôt de Paris: SALUT. Sçavoir faiſons, que ſur la Requête faite en Jugement devant Nous à l'Audience de la Chambre de Police du Châtelet de Paris, par Mᵉ. Edme le Roi l'aîné, Procureur des ſieurs Alexandre Raiſin & Jacques Bouquet, tous deux Maîtres Cartiers à Paris, & Jurés en Charge de leur Communauté, Demandeurs intervenans, suivant leur Requête verbale d'intervention signifiée le 20 Août 1737, par Dessoustemoustier, Huissier-Audiencier, tendante entr'autres choses à être reçues Parties intervenantes en l'Instance pendante & indécise entre les ci-après nommés, & faisant droit sur leur intervention, qu'il seroit ordonné que les Statuts, Arrêts & Réglemens de ladite Communauté seroient exécutés selon leur forme & teneur, & notamment la Sentence en forme de Réglement du quatorze Décembre mil sept cent vingt-cinq, & autres fins y contenues, avec dépens, Défendeurs à celles des 5 Septembre & 23 Novembre audit an, assistés de M^e. Sandrier, Avocat, contre M^e. Formentin le jeune, Procureur des sieurs Dionis, Pere, & Richard, Maîtres Cartiers en Boutique, Anciens de leur Communauté, des sieurs Auzout, Ruelle, Dufour, Trouillé, Langlois, Chaponet, Mouillet, Dumont & Morin, tous Maîtres Cartiers en Boutique, & encore Procureur du sieur Jean Hallart, Ancien de la Communauté, Lormier, Hallart fils, Baraut, de la Rue, Noblet, Brebant, Linard, Mesnier & Dionis fils, tous Maîtres Cartiers, sans Boutiques, & travaillans comme Compagnons, Demandeurs, aussi intervenans suivant leur Requête verbale d'intervention des cinq Septembre & vingt-trois Novembre mil sept cent trente-sept, assistés de M^e. Bevieres, Avocat, M^e. Bechu, Procureur du sieur le Jeune, aussi Maître Cartier à Paris, Défendeur aux Requêtes verbales d'intervention susdatées, & Demandeur aux fins de son Exploit du quatre Février audit an, & de ses Ecritures signifiées le treize Juin aussi audit an, assisté de M^e. Thiebart, Avocat, & M^e. Raux, Procureur du sieur François Noyal, aussi Maître Cartier à Paris, Défendeur aux Requêtes verbales d'intervention susdatées, & Demandeur aux fins de son Exploit fait par de la Borne, Huissier à Verge en cette Cour, le premier dudit mois de Février, duement contrôlé ledit jour & présenté, & suivant ses Ecritures du onze dudit mois, & encore Demandeur aux fins de sa Requête verbale du trois Juin audit an, signifiée par Aulmont, Huissier-Audiencier, &

encore Demandeur concluant aux fins de ses Ecritures du trente Août audit an, le tout tendant à ce que les conclusions qu'il a prises par son Exploit de demande contre ledit sieur le Jeune, du premier Février 1737, lui soient faites & adjugées avec dépens, aux offres qu'il a faites dans l'Instance de recevoir la somme à lui offerte par led. le Jeune, assisté de Maître Cornil, Avocat. PARTIES OUIES, ensemble Noble homme Monsieur Me. Daligre, Avocat du Roi en ses Conclusions, sans que les qualités puissent nuire ni préjudicier : Nous recevons les Parties de le Roi l'aîné, Parties intervenantes en l'Instance ; & faisant droit sur leur intervention, ordonnons que les Statuts, Arrêts & Réglemens des Maîtres Cartiers, seront exécutés selon leur forme & teneur, & notamment notre Sentence du quatorze Décembre mil sept cent vingt-cinq, & conformément à icelles, faisons très-expresses inhibitions, défenses aux Maîtres de la Communauté de se débaucher les Compagnons les uns des autres ; leur faisons pareilles défenses de les recevoir ni leur donner à travailler, s'ils ne sont quittes avec les Maîtres dont ils sortent ou de leur consentement par écrit, d'avancer aux Compagnons plus de dix livres, & de leur donner plus haut prix que celui qui sera réglé par les Jurés tous les ans, au Bureau, en présence des Anciens : Disons que dans le choix que les Maîtres feront des Compagnons, ils emploieront préférablement à eux les pauvres Maîtres de leur Communauté ; faisons en outre défenses aux Maîtres travaillans comme Compagnons, & aux Compagnons, de s'assembler ni faire aucune cabale, ni d'exiger plus haut prix que celui qui sera réglé par lesdits Maîtres & Jurés comme il est dit ci-dessus sous telles peines qu'il appartiendra, & de quitter leurs Maîtres qu'ils ne les aient avertis un mois avant ; permettons aux Maîtres dudit métier de Cartiers de prendre telles personnes qu'ils jugeront à propos pour faire leur commerce, au défaut des Maîtres travaillans comme Compagnons & des Compagnons, en préférant toujours les Maîtres & Compagnons dud. métier, & sur le surplus des demandes & contestations des Parties, les avons mis hors de Cour & de Procès ; condamnons la Partie de Thiebard à payer suivant ses offres celle de Cornil, la somme de quatorze livres avec dépens envers toutes les Parties : Ordonnons en outre que notre présente Sentence sera imprimée, lue, publiée & affichée partout où besoin sera, même inscrite sur le Registre de la Communauté. Ce qui sera exécuté, nonobstant & sans préjudice de l'appel ; en témoin de ce, Nous avons fait sceller ces présentes : ce fut fait & donné par Messire René Herault, Chevalier, Seigneur de Fontaine-Labbé, Vaucresson & autres lieux, Conseiller d'Etat, Lieutenant-Général de Police de la Ville & Vicomté de Paris, tenant le Siege le Vendredi vingt-sept Juin mil sept cent trente-huit. *Collationné. Signé*, DE BEAUVAIS. Scellé le cinq Juillet 1738. *Signé*, SAUVAGE.

JUGEMENT RENDU

PAR M. HERAULT,

LIEUTENANT-GÉNÉRAL DE POLICE,

EN faveur de la Communauté des Maîtres Cartiers-Papetiers de cette Ville de Paris.

CONTRE la Demoiselle Veuve Bocquet, Marchande Epiciere à Paris.

Du 26 Novembre 1734.

A TOUS ceux qui ces présentes Lettres verront, Gabriel-Jérôme de Bullion, Chevalier, Conseiller du Roi, Prévôt de Paris, Salut. Sçavoir faisons, que sur la Requête faite en Jugement devant Nous, à l'Audience de la Chambre de Police du Châtelet de Paris, par Me. le Roi le jeune, Procureur des sieurs Antoine Goyon & Louis Pasque, Cartiers-

Papetiers à Paris, & Jurés en Charge de leur Communauté, Saisissans, Demandeurs en exécution de notre Sentence du 31 Août dernier, Défendeurs à l'opposition formée par Requête verbale, du 17 Septembre dernier, assistés de Me. Sandrier leur Avocat, contre Me. Pothouin, Procureur de la Demoiselle Veuve Bocquet, Marchande Epiciere à Paris, Défenderesse, Opposante à notre Sentence, Demanderesse aux fins de sa Requête verbale d'opposition susdatée, assistée de Me. Thiebart son Avocat, Parties oüies ; NOUS recevons la Partie de Thiebart opposante à l'exécution de notre Sentence susdatée ; au surplus, Disons que les Statuts, Arrêts & Réglemens de la Communauté des Maîtres Cartiers-Papetiers à Paris, seront exécutés selon leur forme & teneur ; en conséquence, avons la Saisie faite à la requête des Parties de Sandrier, déclarée bonne & valable : Disons, que les choses saisies demeureront confisquées à leur profit : Et attendu la défectuosité des Cartes, disons qu'elles seront coupées & mises au pilon. Faisons défenses à la Partie de Thiebart de plus à l'avenir vendre & débiter de pareilles Marchandises, & d'entreprendre sur la Communauté des Maîtres Cartiers ; &, pour l'avoir fait, la condamnons à dix livres de dommages & intérêts envers les Parties de Sandrier, & cent sols d'amende. Permettons aux Parties de Sandrier de faire imprimer & afficher notre présent Jugement par-tout où besoin sera, aux frais de la Partie de Thiebart ; condamnons ladite Partie de Thiebart aux dépens. Ce qui sera exécuté nonobstant & sans préjudice de l'Appel En témoin de ce, Nous avons fait sceller ces Présentes qui furent faites & données par Messire RENÉ HERAULT, Chevalier, Seigneur de Fontaine-Labbé, Vaucresson & autres lieux, Conseiller d'Etat, Lieutenant-Général de Police de Paris, tenant le Siege le Vendredi vingt-six Novembre mil sept cent trente-quatre. Collationné, *Signé*, CUYRET. Et scellé. *Signé*, SAUVAGE.

EXTRAIT

EXTRAIT DES SENTENCES DU CHASTELET DE PARIS,

Des 7 Janvier 1735, & 15 Juin 1736,

Qui jugent que les Papetiers-Colleurs n'ont aucun droit de vendre & débiter des Cartes, soit à la livre, soit en jeux.

PAR Sentence dudit jour 7 Janvier 1735, rendue en faveur de la Communauté des Maîtres Cartiers, contre le sieur Claude Lainé, Marchand Papetier-Colleur. Appert la saisie de Cartes faite sur ledit Lainé, avoir été déclarée bonne & valable; les Cartes saisies, confisquées; défenses avoir été faites audit Lainé de vendre & débiter des Cartes, soit à la livre, soit en jeux : en conséquence lui avoir été ordonné d'ôter & arracher les marques de Cartes qui sont au devant de sa boutique, sinon permis aux Jurés Cartiers de les faire ôter, &, pour la contravention, Lainé avoir été condamné en 20 liv. de dommages-intérêts au profit de ladite Communauté. Au surplus, il a été ordonné que ledit Lainé représenteroit son Brevet d'Apprentissage quittancé, son Certificat de service chez les Maîtres, & le Chef-d'œuvre qu'il a dû faire, sinon qu'il seroit fait droit. Ledit Lainé condamné aux deux tiers des dépens, l'autre tiers réservé à cet égard.

Et par la Sentence dudit jour 15 Juin 1736, rendue entre la Communauté desdits Maîtres Cartiers, ledit Lainé & les Papetiers-Colleurs.

Appert ledit Lainé avoir été débouté de l'opposition par lui formée à l'exécution de celle du 7 Janvier 1735, & ladite

Sentence avoir été déclarée commune avec les Papetiers-Colleurs.

SENTENCE

RENDUE EN FAVEUR DES MAISTRES & Marchands Cartiers, par laquelle ils sont maintenus en la possession & jouissance de vendre & débiter toutes sortes de Papiers façonnés & non-façonnés, & de se servir à cet effet des Outils nécessaires.

Du 30 Décembre 1735.

A TOUS ceux qui ces présentes Lettres verront : GABRIEL-JEROME DE BULLION, Chevalier, Comte d'Esclimont, Mestre de Camp du Régiment de Provence, Infanterie, Prévôt de la Ville, Prevôté & Vicomté de Paris, SALUT. Sçavoir faisons, que sur la Requête faite en Jugement devant Nous à l'Audience de la Chambre de Police du Châtelet de Paris, par Me. Edme-Louis le Roi l'aîné, Procureur des Maîtres Cartiers Cartonniers, Feuilletiers, Demandeurs aux fins de la Requête verbale du 4 Novembre 1734, tendante à ce qu'ils fussent reçus Parties intervenantes en l'Instance pendante devant Nous, entre les Jurés de la Communauté des Maîtres Papetiers-Colleurs, d'une part, & le sieur Goyon Maître Cartier d'autre part, au sujet d'une saisie qu'ils ont faite chez lui, des Registres & Papiers de toutes especes, façonnés & non-façonnés, concernant ledit commerce, qui s'y sont trouvés ; par laquelle Requête lesdits Maîtres ont aussi pris la qualité de Cartiers-Papetiers, Défendeurs à la Requête verbale du 25 Avril dernier, tendante à ce qu'il leur fût fait défenses de vendre aucuns registres, boîtes de carton, porte-feuilles ni papiers, soit brutes, soit façonnés ; qu'il leur fût fait défenses de façonner le papier & d'avoir des outils propres & convenables pour l'usage du commerce & apprêt du papier, comme aussi de prendre dans leurs Enseignes & Enveloppes la qualité de Marchands Cartiers-Papetiers, & de vendre tout ce qui concerne l'écriture ; que les Actes qu'ils ont fait, dans lesquels ils ont pris lesdites qualités, soient déclarés nuls ; & pour la contravention commise par Goyon, la saisie déclarée valable, les choses saisies confisquées au profit de leur Communauté, condamné en outre en cinq cens livres de dommages intérêts, & en l'amende, sans avoir égard à l'intervention de la Communauté des Maîtres Cartiers dont ils demeureront déboutés, & la Sentence qui interviendra, lue, publiée & affichée ; lesdits Maîtres Cartiers incidemment Demandeurs aux fins des défenses du 20 Juin dernier, tendant à ce que sans s'arrêter aux demandes des Jurés Papetiers-Colleurs, conformément aux Sentences & Arrêts rendus en faveur de leur Communauté, il leur seroit permis d'avoir les outils nécessaires, tant pour la fabrique des cartes, que pour la façon des papiers & cartons, pour raison de quoi ils ont été unis aux Maîtres Papetiers-Colleurs, comme une pierre à battre le papier, une masse, une presse garnie de ses chevilles & porte-presse, un couteau monté sur son fût, des ais servant à presser le papier & le rogner, une lisse, des ciseaux à tailler les cartes, & une presse servant à épurer la colle des cartes, & autres outils concernant les cartes, leur donner Lettres de ce qu'ils n'entendent point faire de boîtes de cartons à Bureau, registres de papier de telle façon que ce soit couverts & non couverts, de ce qu'ils n'entendent point avoir cousoirs ni aiguilles pour coudre les registres, & clavettes pour serrer les nerfs des livres & registres, ni ais servant à endosser les registres ; permis à eux, ainsi qu'ils ont toujours fait, & sont en possession & droit de vendre & façonner toutes sortes de papiers, & de prendre la qualité de Maîtres Cartiers-Papetiers, & ce suivant l'Arrêt du 22 Février 1681, & Arrêt du Conseil du 3 Mars 1728, & autres conclusions, le tout avec dépens contre Me. Delastre, Procureur des Jurés de la Communauté des Maîtres Papetiers-Colleurs de feuilles saisissans, Demandeurs en exécution des Arrêts de la Cour des 17 Mars 1717, 14 Avril & 19 Décembre 1725, & de l'Arrêt du Conseil du 20 Mai 1727, & aux fins de la Requête à Nous présentée le 31 Août 1734, & de l'Exploit de saisie fait en conséquence le 25 Octobre de la même année, par Blanchard Huissier ; contrôlé à Paris, laquelle saisie a été faite en présence du Commissaire Desnoyers, ainsi qu'il résulte de son Procès-verbal du 23 du même mois, en exécution de notre Ordonnance du même jour 23 Octobre, rendue sur le référé fait en notre Hôtel par ledit sieur Commissaire, Défendeur à la Requête verbale d'intervention, signifiée le 4 Novembre 1734, Demandeur aux fins de celle du 5 Janvier 1735, Demandeur aux fins de leur Requête verbale du 25 Avril dernier, à ce que les Statuts, Arrêts & Réglemens de la Communauté des Marchands Papetiers fussent exécutés ; en conséquence défenses faites à Goyon & autres Marchands Cartiers, de vendre aucuns regiſtres, boîtes de carton, porte-feuilles, ni aucun papier, soit brute, tel qu'il sort du moulin, soit façonné ou autrement, & permis seulement aux Cartiers d'avoir du papier brute comme il sort du moulin, pour employer à l'usage de leurs cartes peintes & cartons, sans qu'ils puissent en vendre & débiter par feuille, main ni rame, ni en étaler dans leurs boutiques ; que défenses fussent faites aussi aux Cartiers de travailler en papier, de le tailler, battre & rogner, laver, enjoliver & vernir, & d'avoir les outils propres & convenables pour l'usage, commerce & apprêt du papier, comme aussi de prendre dans leurs enseignes, enveloppes & procédures la qualité de Marchands Cartiers-Papetiers, à peine de faux, & d'insérer dans leurs enseignes & enveloppes, comme vendant ce qui concerne l'écriture : Ce faisant que la qualité qu'ils ont prise depuis les défenses portées par les Réglemens, soit rayée de tous les Registres & Actes où elle pourroit avoir été insérée, lesquels Actes seront déclarés nuls ; & que pour la contravention commise par Goyon, la saisie faite sur lui déclarée bonne & valable ; ce faisant, les choses saisies acquises & confisquées au profit de la Communauté des Marchands Papetiers, qu'il sera condamné en cinq cens livres de dommages-intérêts envers lad. Communauté, & en l'amende qu'il nous plairoit arbitrer, sans avoir égard à l'intervention des Jurés Cartiers dont ils seroient déboutés avec dépens; & enfin que la Sentence qui interviendroit, seroit imprimée, lue, publiée & affichée par-tout où besoin seroit, & inscrite dans les Registres desdites deux Communautés, & Défendeurs aux demandes incidentes portées par les défenses susdatées; & Mᵉ. Fauvelay, Procureur du sieur Antoine Goyon Maître Cartier, ci-devant Juré de sa Communauté, Partie saisie, Défendeur & incidemment Demandeur aux fins de ses défenses du 29 Juillet dernier, tendantes à ce que sur la saisie des Registres il s'en rapporte à Nous; & à l'égard de celle du papier & des outils concernant ledit commerce, elle soit déclarée nulle, tortionnaire, injurieuse & déraisonnable, les Jurés Papetiers-Colleurs condamnés en ses dommages & intérêts, & en tous les dépens. Parties oüies; sans que les qualités puissent nuire ni préjudicier, après qu'il en a été délibéré sur les dossiers & pieces des Parties, conformément à nos Sentences des 18 Février & 5 Août dernier, rendues sur les Conclusions des Gens du Roi, qui ordonnent qu'il en sera délibéré. NOUS, après qu'il en a été délibéré sur les pieces & dossiers des Parties. Disons, que les deux Instances demeureront jointes pour être jugées par un seul & même Jugement; & y faisant droit, recevons les Maîtres Cartiers, Parties intervenantes à l'Instance, & leur donnons Lettres de la déclaration par eux faite & portée en leurs défenses du 20 Juin dernier, qu'ils n'entendent point faire boîtes de carton à Bureau, registres de papier couverts & non-couverts, ni avoir des cousoirs, aiguilles pour coudre les registres, clavettes pour serrer les nerfs des registres, ni ais servant à endosser les registres; faisant droit au principal sur les demandes & contestations des Parties; Ordonnons que les Statuts, Arrêts, Sentences & Réglemens concernant ladite Communauté des Maîtres Cartiers, notamment l'Arrêt du 22 Février 1681, seront exécutés selon leur forme & teneur; en conséquence que lesdits Maîtres Cartiers sont & demeureront maintenus & gardés dans le droit & possession d'acheter & vendre toutes sortes de papiers; à l'effet de quoi, permis à eux d'avoir les outils nécessaires, tant pour la fabrique des cartes & cartons, que pour la façon du papier, consistant en une pierre à battre le papier, une masse, une presse garnie de ses chevilles & porte-presse, un couteau monté sur son fût pour rogner le papier, carton fin & commun, des ais servant également à presser le papier & le rogner, une lisse, des ciseaux à tailler les cartes, une presse servant à épurer la colle desdites cartes & autres outils concernant les cartes, & néanmoins leur faisons défenses de prendre d'autre qualité que celle de Maîtres Cartiers Faiseurs de Cartes, Feuillets & Cartons portés par leurs Statuts, en ce qui touche la saisie faite par les Marchands Papetiers-Colleurs, le 23 Octobre 1734, sur Antoine Goyon Maître Cartier, ayant aucunement égard à la demande desdits Papetiers, avons la saisie des registres, boîtes & cartons, & porte-feuilles couverts, déclarée bonne & valable : Ce faisant, Disons que lesdits registres, boîtes & porte-feuilles demeureront acquis & confisqués au profit de ladite Communauté des Marchands Papetiers-Colleurs. Quant aux Marchandises de papier & outils compris dans ladite saisie, lesdits outils consistant en une pierre & deux marteaux servant à battre le papier, déclarons ladite saisie nulle & déraisonnable : Ordonnons que lesdites marchandises de papier & outils seront rendus audit Goyon ; à ce faire les dépositaires contraints par corps ; quoi faisant, déchargés. Sur le surplus des demandes & contestations des Parties, les mettons hors de Cour & de Procès, tous dépens compensés. Et sera notre présente Sentence imprimée & affichée par-tout où besoin sera, & même enrégistrée à la diligence des Jurés de ladite Communauté des Maîtres Cartiers, sur les Registres desdites deux Communautés ; ce qui sera exécuté nonobstant & sans préjudice de l'Appel : En témoin de ce, Nous avons fait sceller ces Présentes, qui furent faites & données par Messire RENÉ HERAULT, Chevalier, Seigneur de Fontaine-Labbé, & autres lieux, Conseiller d'Etat, Lieutenant-Général de Police de la Ville, Prevôté & Vicomté de Paris, tenant le Siege le Vendredi trente Décembre mil sept cent trente-cinq. M. BEAUVAIS. Collationné & scellé le 11 Janvier 1736. *Signé*, SAUVAGE.

EXTRAIT
de la Sentence
du Chastelet de Paris,

Du 17 Août 1736,

Qui ordonne l'exécution des Sentences & Réglemens des Maîtres Cartiers.

PAR ladite Sentence rendue entre la Communauté des Maîtres Cartiers-Papetiers, celle des Papetiers-Colleurs & le sieur Lainé, Papetier-Colleur, il a été ordonné que les précédentes Sentences & Réglemens des Maîtres Cartiers, seroient exécutés : défenses ont été faites aux Papetiers-Colleurs de recevoir aucuns Maîtres sans qualité, jusqu'au jugement de l'Appel qu'ils ont interjetté des précédentes Sentences, à peine de nullité, cassation de Maîtrise, 100 livres de dommages-intérêts, & fermeture de Boutique ; & faute par Lainé d'avoir représenté sa Réception à la Maîtrise, son Brevet, Certificat de service & Chef-d'œuvre, défenses lui ont aussi été faites de prendre la qualité de Marchand Papetier, qu'il n'ait satisfait aux Statuts de la Communauté, Sentence & Arrêt : ledit Lainé tenu de fermer sa Boutique, sinon permis aux Maîtres Cartiers de la faire fermer.

EXTRAIT
DE L'ARREST
DE LA COUR DU PARLEMENT,

Du 18 Août 1760,

Intervenu sur les Appels interjettés des Sentences du Châtelet de Paris, des 7 Janvier & 30 Décembre 1735, 15 Juin & 17 Août 1736, qui confirme la Sentence dudit jour 30 Décembre 1735, & maintient la Communauté des Maîtres Cartiers dans tous leurs droits & privileges.

PAR lequel en tant que touche les Appellations des Jurés de la Communauté des Papetiers-Colleurs, de la Sentence du 30 Décembre 1735; la Cour, en les déboutant de leurs demandes, ayant aucunement égard à la Requête d'Antoine Goyon, du 22 Février 1740, a mis & met lesd. Appellations au néant, ordonne que ce dont a été appellé sortira son plein & entier effet; en conséquence que les scellés qui ont été apposés sur les effets dont est question, seront levés à la premiere sommation, pour ceux des effets dont la saisie a été déclarée nulle, être rendus audit Goyon; & ceux déclarés sur lui acquis & confisqués, être de son consentement remis & délivrés aux Jurés Papetiers; à ce faire le Gardien contraint, même par corps, ce faisant déchargés; les Jurés & Communauté des Maîtres Papetiers, condamnés en l'amende de 12 livres.

Et sur l'Appel interjetté par Claude Laîné, des Sentences des 7 Janvier 1735, & 15 Juin 1736, aux chefs seulement par lesquels il est ordonné que ledit Laîné représentera son

Brevet

Brevet d'Apprentissage quittancé, Certificat de service chez les Maîtres, & le Chef-d'œuvre qu'il a dû faire.

Ensemble sur l'Appel interjetté par lesdits Jurés & Communauté des Maîtres Papetiers, de la Sentence du 15 Juin 1736, & de celle du 17 Août audit an.

La Cour a mis les Appellations au néant, émendant déclare les Jurés & Communauté des Maîtres Cartiers, non-recevables dans les demandes par eux formées devant le Lieutenant-Général de Police, par Requête & Exploit des 17, 19 Novembre 1734, 31 Mars, 2 & 8 Août 1736, lesdites Sentences des 7 Janvier 1735 & 15 Juin 1736, au résidu sortissantes effet.

Sur le surplus des autres demandes, fins & conclusions, met les Parties hors de Cour & de Procès.

Condamne lesdits Jurés & Communauté des Maîtres Papetiers, en la moitié de tous les dépens des Appellations & Demandes envers ledit Goyon, & lesdits Jurés & Communauté des Maîtres Cartiers l'autre moitié, ensemble ceux faits sur l'Appel dudit Lainé compensés.

RÉGLEMENT,

De la Communauté des Maîtres Cartiers, homologué par Sentence de Police du Châtelet de Paris, rendu sur les conclusions de M. le Procureur du Roi, concernant le devoir des Compagnons & Ouvriers dudit Métier, & la fixation du prix de leurs Ouvrages.

A TOUS ceux qui ces présentes Lettres verront: Alexandre de Ségur, Chevalier, Seigneur de Franc, Baigle, Saint-Enjan, Lafitte, Latour, Paulliac, Callon, Raste, Quierac & autres lieux, Conseiller du Roi en ses Conseils, Prévôt de la Ville, Prévôté & Vicomté de Paris: Salut. Sça-

42

voir faisons ; que vu par nous, Antoine-Raymond-Gualbert-Gabriel de Sartine, Chevalier, Conseiller du Roi en ses Conseils, Maître des Requêtes ordinaires de son Hôtel, Lieutenant-Général de Police de ladite Ville, Prevôté & Vicomté de Paris ; la Requête à nous présentée par les Jurés de présent en Charge de la Communauté des Maîtres Cartiers, Faiseurs de Cartes, Tarots, Feuillets & Cartons, de la Ville & Fauxbourgs de Paris ; tendante à ce que vu nos Sentences des 14 Décembre 1725 & 27 Juin 1738 ; ensemble copie collationnée par l'Héritier & son Confrere, Notaires en cette Cour le 26 Juin dernier, de la délibération prise au Bureau de la Communauté desdits Supplians par les Maîtres de ladite Communauté, assemblée le 22 dudit mois de Juin dernier, contrôlée à Paris le 25 dudit mois par Langlois, ladite délibération ayant pour motifs, que lesdits Jurés reçoivent journellement des plaintes des Maîtres, des insultes qui leur sont faites par leurs Compagnons Ouvriers, des cabales & complots que lesdits Compagnons & Ouvriers font entr'eux pour hausser le prix de leurs Ouvrages à leur gré, & au-dessus de ceux arrêtés suivant l'usage, qu'ils se débauchent les uns les autres & quittent leurs Maîtres, dans le tems que lesdits Maîtres en ont plus besoin, qu'ils sont d'autant moins retenus, que plusieurs Maîtres les reçoivent & leur donnent à travailler sans s'embarrasser des Maîtres de chez lesquels ils sont sortis sans leur agrément, que d'autres vont jusqu'à leur donner plus fort prix que l'ordinaire pour attirer lesdits Compagnons & Ouvriers à leur service, qu'il est de l'intérêt des Maîtres de ladite Communauté, pour soutenir leur Commerce & Fabrication, de mettre ordre auxdits abus, & de rétablir la subordination par un Réglement nouveau, pour quoi il a été arrêté : 1°. Que les Statuts, Arrêt & Réglement de la Communauté desdits Maîtres Cartiers, & notamment nos Sentences des 14 Décembre 1725 & 27 Juin 1738 seront exécutées ; en conséquence, lesdits Jurés ont réglé, suivant le pouvoir qu'ils en ont par notredite Sentence du 27 Juin 1738, en présence des Anciens de ladite Communauté, le prix des Ouvrages qui sera payé aux Compagnons & Ouvriers de ladite Communauté.

SAVOIR,

Pour vingt mains de Lisse, ... 1 l. 8 s.
Pour la grosse de Tête peinte, . . 1 l. 16 s.
Pour la grosse de Point peint, . . . 6 s.
Pour le Moulage, la rame, . . . 10 s.
Pour la grosse de Tresse trayée, . . . 6 s.
Pour la grosse de séparage, . . 1 s. 6 d.
Pour la journée ordinaire, pour la table, le mêlange,
& autres choses. . . . 1 l. 12 s.
Pour la journée d'un Colleur, d'un Meneur de Ciseaux & d'un Lisseur, à chacun, . . 1 l. 16 s.
Pour la journée d'une Femme & Fille de Maître, 1 l. 4 s.

En conséquence, les Maîtres ne pourront payer plus fort prix, ni les Compagnons & Ouvriers exiger au delà, à peine de dix livres d'amende contre chaque contrevenant, sauf à être procédé au réglement de nouveaux prix toutes les années, suivant le tems, & aux termes de nosdites Sentences.

2°. Que les Compagnons & Ouvriers dudit Métier ne pourront quitter leurs Maîtres sans les avertir un mois auparavant par écrit ; & si, lors de l'expiration dudit mois, le Maître se trouve pressé d'Ouvrages, lesdits Compagnons & Ouvriers ne pourront sortir pour aller travailler chez d'autres Maîtres que le pressé ne soit cessé.

3°. Lorsque le Maître voudra renvoyer lesdits Compagnons & Ouvriers de son service, il sera tenu de les avertir quinze jours avant.

4°. Aucun Compagnon ni Ouvrier sortant de chez un Maître, ne pourra rentrer chez un autre Maître, sans un Certificat par écrit du Maître de chez lequel il sortira, à moins qu'il n'y ait un intervalle de six mois.

5°. Si les Compagnons & Ouvriers gâtent quelques Ouvrages, le prix sera diminué sur leurs journées, suivant l'es

F ij

timation que les Jurés-Comptables en feront, sans frais ni procédures.

6.°. Les Maîtres ne pourront avancer à chacun de leurs Compagnons plus de dix livres, à peine de perte de l'excédent.

7°. Les Compagnons & Ouvriers seront tenus de se comporter avec leurs Maîtres & Maîtresses avec respect.

8°. Lesdits Compagnons & Ouvriers ne pourront s'attrouper ni s'assembler dans des Cabarets ni ailleurs en plus grand nombre que trois, ni comploter entr'eux à peine de prison, & de ne pouvoir parvenir à la Maîtrise ; ils ne pourront non plus insulter leurs Maîtres & Maîtresses, ni se présenter chez leurs Maîtres & Maîtresses, ni dans leurs Ouvroirs, épris de vin, sous les mêmes peines.

9°. Les Maîtres ne pourront se débaucher les Ouvriers les uns des autres, recevoir ni donner à travailler auxdits Compagnons & Ouvriers, si lesdits Compagnons & Ouvriers ne leur rapportent le Certificat de leur dernier Maître, lequel Certificat ledit dernier Maître pourra refuser tout le tems qu'il sera pressé d'Ouvrage & que ledit Compagnon ne sera pas quitte envers lui, soit des avances qu'il aura pu faire ou du prix des Ouvrages qu'il aura gâtés.

10°. Si contre les dispositions ci-dessus, un Maître recevoit à son service un Compagnon ou Ouvrier sans le consentement & Certificat du dernier Maître, le Maître contrevenant sera condamné de mettre hors de chez lui & de son service, ledit Compagnon & Ouvrier, & en dix livres de dommages & intérêts envers le dernier Maître, & le Compagnon sera six mois sans pouvoir entrer en Boutique.

11°. Il sera permis aux Maîtres, aux termes de notre Sentence du 27 Juin 1738, de prendre telles personnes qu'ils jugeront à propos pour faire leurs Ouvrages, à défaut de Maîtres travaillans comme Compagnons, & de Compagnons en préférant toujours les Maîtres & Compagnons dudit Métier.

12°. Attendu que les Réglemens, Titres, Pieces & Procédures de ladite Communauté sont confondus les uns avec les autres, lesdits Jurés en Charge sont autorisés à les faire mettre en ordre, & à en faire faire un répertoire pour en faciliter la connoissance & recherche au besoin, dont la dépense sera allouée au Comptable dans son compte, suivant la quittance qu'il en rapportera de la personne qui aura été employée à ce sujet.

13°. Et pour donner toute l'autenticité à ladite délibération, lesdits Jurés en Charge sont autorisés à en requérir & demander de nous l'homologation, & à être autorisés à la faire imprimer, ainsi que notre présente Sentence d'homologation, à la suite des Statuts de ladite Communauté, & d'en faire tirer plusieurs exemplaires, pour en être remis copie à chacun des Maîtres de ladite Communauté, même d'obtenir de nous la permission de les faire publier & afficher, le tout aux frais de ladite Communauté, la dépense desquelles impression & affiche, frais & faux frais à ce sujet, sera allouée au Comptable sur les Quittances & simples Mémoires qu'il en rapportera, pour les faux frais dont il ne pourra rapporter Quittance, pour quoi lesdits Jurés ont conclu, à ce qu'il nous plût homologuer ladite délibération, en conséquence, ordonner qu'elle soit exécutée selon sa forme & teneur; ladite Requête signée Oudinot, Procureur, au bas de laquelle est notre Ordonnance du 11 Juillet présent mois, portant, soit communiqué au Procureur du Roi, vu nosdites deux Sentences des 14 Décembre 1725 & 27 Juin 1738, & ladite délibération du 22 Juin dernier, ensemble les Conclusions du Procureur du Roi, tout vû & considéré : Nous, en renouvellant les dispositions portées en nos Sentences des 14 Décembre 1725 & 27 Juin 1738; & y augmentant avons ladite délibération du vingt-deux Juin dernier, homologuée, pour être exécutée selon sa forme & teneur : en conséquence autorisons lesdits Jurés à faire imprimer ladite délibération, ensemble notre présente Sentence à la suite des Statuts de ladite Communauté, & en faire tirer nombre suffisant d'exemplaires pour en fournir copie à chaque Maître d'icelle, même à faire publier & afficher notre présente Sentence, le tout aux frais de ladite Communauté, à la charge que les frais pour mettre les titres & papiers de ladite Communauté en ordre, & faire un répertoire, ne pourront excéder la somme de 150 liv. ce qui sera exécuté nonobstant oppositions quelconques. En témoin de quoi Nous avons fait sceller ces Présentes, qui furent faites & données par nos Juges susdits, ce vingt-quatre Juillet mil sept cent soixante-quatre. Collationné. *Signé*, MOREAU & JARDIN. Et scellé ce 17 Août 1764. *Signé*, SCHENEL.

STATUTS ET
RÈGLEMENS POUR LES MAITRES
CARTIERS PAPETIERS
FAISEURS DE CARTES